Fernand Papillon

Les Régénérations et les Greffes animales

Biologie

 Le code de la propriété intellectuelle du 1er juillet 1992 interdit en effet expressément la photocopie à usage collectif sans autorisation des ayants droit. Or, cette pratique s'est généralisée dans les établissements d'enseignement supérieur, provoquant une baisse brutale des achats de livres et de revues, au point que la possibilité même pour les auteurs de créer des œuvres nouvelles et de les faire éditer correctement est aujourd'hui menacée. En application de la loi du 11 mars 1957, il est interdit de reproduire intégralement ou partiellement le présent ouvrage, sur quelque support que ce soit, sans autorisation de l'Éditeur ou du Centre Français d'Exploitation du Droit de Copie, 20, rue Grands Augustins, 75006 Paris.

ISBN : 978-1977996749

10 9 8 7 6 5 4 3 2 1

Fernand Papillon

Les Régénérations et les Greffes animales

Biologie

Table de Matières

Introduction	6
Section I	6
Section II	16
Section III	21

Introduction

Les recherches scientifiques entreprises avec la méthode expérimentale sont généralement de nature soit à perfectionner la conception doctrinale du monde, soit à provoquer d'utiles applications dans le domaine des arts et de l'industrie. Quelquefois elles, réunissent ces deux avantages. La question toute récente des régénérations et des greffes animales offre au plus haut point ce double intérêt. Elle éclaire les théories physiologiques, elle fournit des ressources nouvelles à la pratique médicale ; mais elle a encore un autre caractère singulièrement remarquable, c'est que les résultats déterminés qu'elle nous procure concourent à la fois à vérifier les intuitions les plus hardies du génie philosophique d'autrefois, et à justifier les espérances les plus audacieuses des naturalistes qui croient à la toute-puissance de l'homme dans l'avenir. C'est ce que nous nous proposons de montrer succinctement.

Section I

On ne connaissait guère au commencement du XVIIIe siècle, en fait de reproduction d'organes chez les animaux, que l'exemple de la queue du lézard, qui repousse lorsqu'elle a été coupée. Du moins les savants n'en connaissaient pas d'autres, ou plutôt ils niaient, ils mettaient au nombre des fables les assertions des pêcheurs concernant la régénération des membres des écrevisses, des homards, etc. Réaumur résolut en 1712 de contrôler ces fables, et entreprit des expériences. « Ayant eu occasion, dit-il, d'examiner des côtes de la nier, qui sont remplies d'une infinité de crabes, animaux qui tiennent quelque chose du genre des écrevisses, je ne pus n'empêcher de soupçonner que les savants avaient tort ici, et que le peuple avait raison. » Réaumur prit des homards, des crabes, leur enleva un ou plusieurs membres, et renferma les animaux ainsi mutilés dans des réservoirs en communication avec l'eau de la mer. — Au bout de quelques mois, il vit, non sans surprise, que de nouvelles jambes occupaient la place de celles qui avaient été enlevées. Il répéta ses observations sur des écrevisses, et décrivit, avec l'exactitude qui l'a rendu célèbre, le mécanisme de ces régénérations.

Trente ans plus tard, Abraham Trembley, se promenant à La Haye autour d'un lac, y aperçut de petits filaments verts munis d'appendices et semblables à des végétaux. Pour savoir s'il avait affaire en effet à des plantes, il en coupa un en plusieurs morceaux. Les parties séparées reproduisirent bientôt chacune un individu complet, et ces individus se mouvaient, changeaient de place, saisissaient avec leurs bras des insectes pour les introduire dans leur cavité digestive. C'étaient des polypes d'eau douce, de véritables animaux. Trembley reconnut qu'en coupant un de ces polypes en deux, la tête reproduit la queue, et la queue reproduit la tête. Il en coupa deux longitudinalement et les greffa ; au lieu d'un polype à huit bras, il en eut un à seize. Charles Bonnet répéta, peu de temps après, les expériences de Trembley sur la reproduction du polype, et en fit de nouvelles sur un ver d'eau douce qu'on appelle *naïade*. Il observa que ce ver régénère, comme le polype, celles de ses parties qui ont été enlevées. Il fit des essais semblables sur le ver de terre, et à son grand étonnement il trouva que cet animal si compliqué, qui a tant d'anneaux, et à chaque anneau des organes délicats de locomotion, qui a des appareils de digestion, de génération, etc., possédait aussi la faculté de reproduction. Si on lui enlève des tronçons considérables du corps, soit du côté de la tête, soit du côté de la queue, ces fragments se régénèrent en peu de temps. Bonnet vit ainsi un ver repousser successivement douze têtes. — Spallanzani, presque à la même époque, alla plus loin que le célèbre naturaliste de Genève. Il coupa les cornes et même une partie de la tête du limaçon à coquille et les vit se reproduire ; il coupa les pattes et la queue de la salamandre aquatique, et en observa pareillement la reproduction. Ce dernier fait, plus extraordinaire que tous les précédents, excita la surprise générale. En effet, la patte et la queue de la salamandre renferment des os, des nerfs, des muscles, dont la régénération paraissait impossible. On avait bien vu renaître la queue enlevée du lézard terrestre, mais sans vertèbres osseuses. La queue de la salamandre au contraire repoussait avec toute sa charpente osseuse, et dans ses dimensions primitives. L'infatigable expérimentateur italien fit voir aussi qu'on peut recouper plusieurs fois les jambes et les queues des salamandres, et reproduire aussi à maintes reprises le même organe avec la même vitalité.

Ces expériences mémorables de Réaumur, Trembley, Bonnet, Spallanzani, sur la régénération des animaux, dont Leibniz avait depuis longtemps pressenti les résultats, firent une impression profonde sur l'esprit de Buffon. Il n'y vit pas seulement des faits très curieux pour l'histoire naturelle, il pensa, comme Bonnet, qu'elles confirmaient des conceptions d'un ordre très élevé. Il y trouva une merveilleuse démonstration de cette idée de Leibniz, que les êtres animés sont composés d'une infinité de petites parties plus ou moins semblables à eux-mêmes, c'est-à-dire que la vie réside non pas dans le tout, mais dans chacun de ses éléments invisibles, ou encore, pour employer une expression de Bordeu, que la vie générale n'est que la somme d'une multitude de vies particulières. C'est une grande époque dans l'histoire des sciences que celle où l'observation, vérifiant les intuitions du génie, démontra par de si surprenants spectacles cette composition de l'individu organisé telle que chacune des molécules vivantes qui le constituent a en soi un principe d'activité et de développement individuel. Quelque rectification qu'il faille apporter à la manière dont Buffon et Bonnet, après Leibniz, ont développé cette doctrine, elle reste dans sa teneur essentielle le point de départ d'une évolution féconde pour la biologie et l'expression vraie de la réalité.

Les expériences qu'on vient de citer ont été souvent répétées et ingénieusement variées par les naturalistes. Des petits vers d'eau douce, auxquels on a donné le nom de planaires, ont fait l'objet des études de plusieurs savants, entre autres de Draparnaud, de Moquin-Tandon et de Dugès. Ce dernier partagea, soit en travers, soit longitudinalement, de nombreux. individus des plus grandes espèces, et il vit, en douze ou quinze jours en hiver, en quatre ou cinq jours en été, chaque tronçon se compléter, la tête engendrer un suçoir et une queue, celle-ci engendrer une tête et un suçoir, et le tronc du milieu tantôt conserver, tantôt perdre son suçoir pour le reformer, ainsi qu'une tête et une queue. Aussitôt après la division, la blessure se resserre, le pourtour s'arrondit en bourrelet, le centre montre cependant la pulpe à nu, et c'est sur ce centre qu'apparaissent les premiers linéaments des parties régénérées. Un individu partagé donne ainsi naissance à plusieurs autres, dont la taille, d'abord proportionnelle à la dimension du tronçon, ne tarde pas à égaler celle de l'individu primitif. Plus récemment, M. Vulpian a amputé la queue d'un têtard de grenouille encore contenu dans l'œuf, et l'a placée dans l'eau. Cet embryon de queue y a vécu, et s'y est développé en suivant toutes les phases de son existence embryonnaire. Arrivé à l'état de parfaite organisation, il a cessé de vivre. Il n'y a pas longtemps, M. Philippeaux a constaté une complète régénération de la rate chez des animaux auxquels on avait enlevé cet organe.

M. Charles Legros, qui a entrepris dans ces dernières années beaucoup d'expériences intéressantes sur les régénérations, a découvert que le temps joue un grand rôle dans ces phénomènes. La queue des lézards se reproduit rapidement quant à sa forme extérieure : en deux ou trois mois, l'organe amputé reparaît avec sa longueur et son volume habituels ; seulement l'intérieur ne ressemble pas à celui des queues normales, il renferme des nerfs, des muscles et des vaisseaux, mais point de vertèbres. Cette texture persiste pendant longtemps, et les naturalistes en avaient conclu que les os de la queue du lézard ne se régénèrent point. M. Legros a suivi les progrès du développement intérieur de cet organe pendant plusieurs années, et il y a observé, au bout de deux ans, l'apparition de vertèbres. Ce savant opérait sur des lézards verts. La queue régénérée restait grise pendant très longtemps, et ne prenait la couleur du reste du corps qu'au commencement de la troisième année. Une autre fois, M. Legros coupa au début de l'hiver la queue d'un loir. La plaie forma une sorte de bourrelet qui s'allongea, se couvrit de poils, et atteignit à peu près la longueur de la queue ancienne, qu'il dépassait en grosseur. Malheureusement l'hibernation de l'animal est incomplète, il se réveillait souvent, et mourut au bout de trois mois. La régénération des parties intérieures de l'organe n'avait pu se faire complètement.

A ces observations récentes, il faut joindre celles qu'a faites tout dernièrement M. Chantran sur l'écrevisse. Cet habile et patient observateur, auquel l'Académie des Sciences a décerné il y a quelques semaines une de ses couronnes les plus enviées,[1] a reconnu que chez l'écrevisse les antennes repoussent pendant le temps qui sépare une Mlle de la suivante, c'est-à-dire pendant un temps qui varie de six semaines à six mois, selon l'âge de l'écrevisse.

---

[1] Dans sa séance du 25 novembre dernier, l'Académie a décerné à M. Chantran le prix de physiologie expérimentale pour ses recherches sur l'écrevisse.

Les pattes et les lamelles de la queue se régénèrent aussi, mais beaucoup plus lentement. La reproduction est d'autant plus longue que l'animal est moins jeune. Chez les écrevisses âgées de moins d'un an, tous les membres enlevés se reforment en soixante-dix jours environ. Chez les adultes mâles, la régénération complète exige de dix-huit mois à deux ans et chez les femelles de trois à quatre ans. Enfin M. Chantran a découvert l'année dernière un phénomène bien autrement singulier. Il a constaté que les yeux de l'écrevisse se régénèrent lorsqu'on les enlève, et que parfois à la place d'un œil arraché il en repousse deux.

Voilà ce que l'expérience a établi concernant la reproduction des membres et des organes chez les animaux. Il faut examiner maintenant comment se régénèrent les tissus. Tous les tissus qui ont été détruits chez l'adulte, — peau, nerfs, muscles, os, — sont susceptibles de se régénérer, et ils se régénèrent en parcourant une série de phases identiques à celles de leur développement embryonnaire, de leur génération proprement dite. C'est la même force qui les a fait naître et qui les reproduit. Dans tous les cas, les éléments du nouveau tissu se produisent exactement comme ceux de l'ancien, et ces phénomènes, nullement extraordinaires ou exceptionnels, attestent une fois de plus l'unité et la simplicité des mécanismes physiologiques.

L'épiderme se régénère avec la plus grande facilité. Il repousse comme les cheveux et comme les ongles. C'est le même tissu. Le cristallin de l'œil, qu'on peut rapprocher de la substance épidermique, se reproduit aussi lorsqu'il a été enlevé. C'est ce qui résulte du moins des expériences très nombreuses de M. Milliot exécutées sur des chiens et des lapins. Ce physiologiste a observé constamment qu'en pratiquant sur ces animaux l'ablation de cette lentille biconvexe qui est un des principaux organes de l'appareil visuel, elle était rétablie au bout de quelques mois. La maladie connue sous le nom de *cataracte* consiste en ce que le cristallin perd sa transparence et devient opaque, de telle sorte que les rayons lumineux ne le traversent plus. Il n'y a de remède à cette affection de l'œil que l'opération dite de la cataracte, laquelle consiste à enlever le cristallin. L'œil ainsi opéré ne recouvre pas la netteté de la vision normale, mais il peut percevoir la lumière et les objets extérieurs beaucoup mieux qu'avec son cristallin impénétrable aux rayons visuels. Le cristallin enlevé en pareil cas chez l'homme ne se régénère point ; mais, en poursuivant des recherches du genre de celles de M. Milliot, on peut espérer de découvrir les conditions d'une semblable reproduction qui serait extrêmement précieuse à la chirurgie. — La régénération de la peau s'observe dans toutes les cicatrices ordinaires. Le tissu cicatriciel est formé des éléments anatomiques ordinaires qui constituent le derme, c'est-à-dire surtout de fibres lamineuses et élastiques. Les vaisseaux rompus ou déchirés, les tendons coupés réparent également avec la plus grande facilité les pertes de substance qu'ils ont éprouvées. Bref, il y a dans tous ces organes une tendance constatée par les chirurgiens de tous les temps à la régénération, une force plastique et rayonnante qui s'exprime par une élaboration continuelle de *blastème*, au sein duquel naissent de nouveaux éléments anatomiques pour combler les vides.

La régénération des nerfs a été observée pour la première fois par Michaelis, Cruikshank, Monro et Haighton à la fin du siècle dernier. Bichat en donna, dès 1801, une théorie complète, d'une admirable netteté. Quand la continuité d'un nerf a été interrompue, la portion enlevée peut se régénérer au bout d'un certain temps. Lorsqu'on excise, sur le nerf sciatique par exemple, un segment long de 1 centimètre, on observe d'abord une altération de la substance nerveuse. dans les bouts résultant de la section ; puis, six semaines ou deux mois après l'opération, on voit partir de l'extrémité d'un des bouts un faisceau grisâtre qui se dirige vers le bout opposé et s'y réunit bientôt. Ce faisceau est composé de tissu lamineux et de tubes nerveux plus grêles que les tubes normaux ; mais peu à peu il grossit, il devient plus blanc, les fibres se perfectionnent, et après un intervalle de quatre à six mois, on a un cordon nerveux de nouvelle formation. Un tel cordon se régénère, même lorsqu'on a enlevé une portion de nerf de 6 centimètres de longueur. En même temps que la matière nerveuse se répare, on observe le rétablissement progressif de ses fonctions sensitives, motrices ou mixtes. MM. Vulpian et Philippeaux, qui ont spécialement étudié cette question, ont reconnu que les nerfs séparés définitivement des centres nerveux peuvent, après une période d'altération, recouvrer aussi leur structure et leurs propriétés normales ; mais l'expérience la plus instructive de ces physiologistes consiste à souder ensemble les bouts de deux nerfs de fonctions très différentes, par exemple le nerf moteur de la langue avec le nerf pneumogastrique, et à réaliser la communication anatomique et la connexion physiologique de deux cordons qui, dans l'état ordinaire, n'ont ensemble aucun rapport.

C'est en 1867 que M. Legros découvrit la régénération du cartilage, qui jusqu'alors avait été considérée comme impossible. Il fit ses observations sur des chiens et sur des lapins dont il avait largement sectionné le tissu cartilagineux, et au bout de deux mois environ il observa une régénération complète de ce tissu. C'est le même physiologiste qui a constaté pour la première fois la reproduction du tissu musculaire lisse, c'est-à-dire de celui qui est l'organe des mouvements involontaires, tels que ceux de l'intestin. Restait à savoir, pour épuiser la liste des tissus organiques, si les fibres musculaires de la vie animale peuvent réparer, au moyen de fibres identiques, les pertes de substance qu'elles ont éprouvées. C'est à quoi M. Dubrueil put répondre affirmativement l'année suivante. Il coupa sur des cochons d'Inde certains muscles par le milieu, et plusieurs mois après il vit, en examinant l'organe, la complète réunion des parties séparées, il reconnut que la solution de continuité était comblée par une production nouvelle de tissu musculaire. — Ainsi tous les tissus de l'économie animale peuvent se régénérer chez l'adulte, et ces régénérations sont des opérations constamment identiques à celles qui ont pour résultat la formation première et le développement des mêmes tissus dans l'embryon ou le jeune animal.

La connaissance des faits de régénération a été, pour la pratiqué de l'art, la source d'inventions et de procédés opératoires plus où moins remarquables, dont quelques-uns sont encore aujourd'hui à l'étude. Ceux qui concernent la reproduction du tissu osseux ont particulièrement intéressé le public dans ces dernières années. On a su de tout temps que, lorsqu'un os est brisé, la solution de continuité y est comblée, au bout d'un certain temps, par une portion osseuse de nouvelle formation, par une véritable cicatrice osseuse, le *cal*. Ce n'est que vers le milieu du siècle dernier qu'un physiologiste français, Duhamel, et après lui un médecin napolitain établi à Paris, Troja, examinant de près le phénomène du cal, en découvrirent le mécanisme physiologique. Ils crurent s'apercevoir que le principal agent de l'élaboration osseuse est une gaîne mince et fibreuse, appliquée et adhérant fortement tout autour des os, la membrane qu'on appelle le *périoste*.[1] Leurs expériences ne furent ni assez multipliées ni assez saisissantes pour révéler aux chirurgiens le parti qu'on pouvait tirer de la connaissance du rôle ossificateur propre au périoste. L'attention des praticiens ne commença d'être attirée sur ce point que plus tard, vers 1830, par les travaux d'un professeur de Würzbourg, Bernhard Heine. Celui-ci enleva sur des animaux vivants des portions d'os plus ou moins considérables. Dans certains cas, il pratiqua l'ablation de la moitié des os sur lesquels il opérait. Les parties enlevées se reproduisirent au bout de quelques semaines, de quelques mois, et les membres se rétablirent dans l'état normal.

Plus célèbres encore que ceux de Heine sont les travaux ingénieux et persévérants de Flourens. Les expériences variées de ce savant physiologiste ont définitivement confirmé la réalité des premières observations de Duhamel. « Puisque, dit Flourens, c'est le périoste qui produit l'os, je pourrai donc avoir de l'os partout. où j'aurai du périoste, c'est-à-dire partout où je pourrai conduire, introduire le périoste. Je pourrai multiplier les os d'un animal ; si je veux, je pourrai lui donner les os que naturellement il n'avait pas. » Entre autres expériences faites pour démontrer la vérité de cette proposition, Flourens imagina de percer un os et d'y introduire un petit tube d'argent. Le périoste engagé dans ce tube s'y épaissit, s'y gonfla et donna naissance à un cartilage qui bientôt devint os. Un habile chirurgien de Lyon, M. Ollier, découpa sur un animal de longues bandelettes de périoste, en les laissant toutefois adhérer à l'os par un pédicule, puis les enroula autour des muscles voisins. Au bout d'un certain temps, ce périoste ossifié avait produit des os circulaires, en spirale, en huit de chiffre, etc., selon la manière dont on avait enroulé la bandelette périostique autour des parties voisines.

Dans toutes ces expériences, on s'est servi d'un périoste muni de la couche très mince qui lui est adhérente et le sépare de l'os. Or M. Robin a établi que cette couche est formée de cellules osseuses chez

---

1 Les os peuvent être considérés comme formés de trois couches concentriques, engaînées les unes dans les autres, — à l'intérieur la *moelle*, puis la *substance osseuse* proprement dite, laquelle est recouverte par le *périoste*.

l'adulte et de substance cartilagineuse, si l'on opère sur un os en voie de développement. C'est en elle que réside le pouvoir *ostéogène*, et, lorsque le périoste en est privé, il devient impropre à l'ossification. M. Robin et M. Dubrueil ont démontré de plus que du tissu osseux peut se former sans cartilage préexistant, sans aucune intervention de membrane, et émaner directement d'un os qui en est dépourvu. Ces découvertes, sans destituer le périoste du rôle manifeste qu'il joue dans les régénérations osseuses, en font concevoir le mécanisme d'une façon différente de celle qu'avaient admise les physiologistes. Elles prouvent qu'en réalité, dans les expériences du genre de celles de Duhamel, de Heine, de Flourens, c'est l'os qui engendre de l'os, comme le nerf coupé engendre du nerf. La couche cartilagineuse ou osseuse adhérente au périoste n'est pas autre chose en effet que de l'os en voie de formation, et toutes les fois que, soit par le moyen du périoste, soit par le moyen d'une irritation, on provoque la régénération d'une certaine quantité d'os, c'est qu'on a d'abord réalisé les conditions propres au développement du cartilage. Ces remarques permettent de comprendre et d'apprécier rapidement la valeur des méthodes chirurgicales fondées sur la connaissance de ces faits. Les affections des os sont nombreuses. Indépendamment des cas où ils sont directement lésés par des projectiles, ils sont sujets à des inflammations, à des tumeurs, à des caries de toute sorte. Ces affections sont longues, en raison de la lenteur des élaborations vitales dans ces organes, mais elles ne sont pas moins destructives et finissent toujours par déterminer une corruption plus ou moins considérable de la substance de l'os. Il faut alors que les matières fournies par l'os malade soient évacuées ; il faut que les portions mortifiées soient éliminées. Le membre ne tarde pas à se gonfler, à devenir douloureux. Des parties se percent, des suppurations s'établissent, et, si l'art n'intervient point, le patient est conduit à une mort douloureuse par l'épuisement. A tant de maux, la chirurgie oppose de laborieuses opérations. Elle ouvre les foyers profonds, elle débride les tissus, elle donne issue à ce qui doit sortir, elle modifie les surfaces malades ; mais il y a des cas où ni la nature ni l'art ne peuvent plus rien, et où l'os est tellement compromis que l'amputation devient la seule chance de salut pour le malade. C'est dans ces tristes conjonctures que les chirurgiens ont recours aux procédés qui permettent d'obtenir une régénération de l'os détruit par le travail morbide. Le plus utile de ces procédés, dû à M. Sédillot, est l'*évidement*.

L'opération de l'évidement, telle qu'on la pratique depuis les beaux travaux de M. Sédillot, est en soi très simple. On incise la peau, la chair et le périoste jusqu'à l'os malade ou blessé, et une fois celui-ci mis à découvert, on l'attaque avec la gouge, le ciseau et le maillet. On l'évide, on le creuse de façon à enlever toute la partie malsaine et à respecter toute celle qui n'a pas subi d'altération. Ainsi réduit à ses couches, à ses portions les plus saines, l'os excavé répare peu à peu ses pertes. La matière détruite se régénère, un nouveau tissu osseux remplit les vides pratiqués par la gouge de l'opérateur, et au bout de quelques mois l'organe, qui n'a jamais perdu sa forme, est rétabli dans ses conditions de vitalité ordinaire. Parfois sans doute ce drame, où le chirurgien a aussi, selon la pensée d'Hippocrate, au milieu des souffrances d'autrui ses souffrances particulières, se complique d'une façon imprévue, et des difficultés périlleuses viennent l'assombrir encore ; mais l'art est justement de les prévoir et de le vaincre, et c'est par où le praticien supérieur se distingue de l'autre.

Tandis que M. Sédillot enseigne et démontre qu'il est nécessaire, dans l'intérêt de la régénération osseuse et du rétablissement du membre, de n'éliminer que la partie malade des os compromis et d'en conserver la couche saine adhérente au périoste, quelques chirurgiens veulent qu'on enlève tout, excepté le périoste, c'est-à-dire qu'on en retire l'os à peu près comme on retire le doigt d'un gant. Ils prétendent que cette membrane étant l'agent exclusif de la production des os, ceux-ci peuvent être *réséqués* en totalité et doivent se reproduire complètement du moment quelle est ménagée. Deux praticiens distingués, M. Larghi, de Verceil, et après lui M. Ollier, de Lyon, ont préconisé cette façon d'opérer, à laquelle on a donné le nom de méthode des *résections sous-périostées*. La légitimité d'un tel procédé opératoire, après avoir soulevé des doutes parmi les chirurgiens qui eurent occasion d'en entreprendre un examen direct, est aujourd'hui presque unanimement rejetée. Les raisons en sont décisives. Comment admettre en effet que le périoste seul, c'est-à-dire une gaine molle, sans appui et sans consistance, mise à nu par une opération sanglante, plus ou moins altérée par la dissection, déterminera la reproduction d'un os, avec sa forme et ses dimensions normales, quand il est déjà si difficile d'obtenir sans raccourcissement la consolidation d'une simple fracture ? Cette gaîne, perdue au milieu de la masse musculaire, ne sera-t-elle pas exposée à des inflammations de toute sorte et surtout à l'influence des causes mécaniques nombreuses qui pourront la déformer et par suite donner lieu à la production d'un os irrégulier, raccourci, impropre à d'utiles services ? Telles sont les objections et les craintes qui frappèrent les chirurgiens et les détournèrent des résections sous-périostées. Celles-ci ont permis dans certains cas la régénération de l'os enlevé, mais dans des conditions telles que le membre a perdu toute force et toute mobilité et n'a pu échapper à une suppuration interminable et funeste. Il ne s'agit pas seulement en chirurgie de reproduire des os, il en faut reconstituer d'assez réguliers dans leur forme et d'assez résistants dans leur structure pour assurer les usages des membres. Or un tel résultat n'est atteint qu'en maintenant la régularité et l'immobilité des surfaces, gaines ou moules, où doivent se déposer et s'agglomérer Les cellules du nouvel os. La méthode de l'évidement réalise l'existence de ce moule fixe et invariable en conservant un fourreau d'os dans les meilleures conditions pour provoquer une genèse nouvelle de tissu osseux, tandis que celle des résections sous-périostées attend la régénération de l'organe, d'un périoste sans soutien, détérioré, affaissé et plissé sous l'influence de la contraction musculaire. M. Sédillot, qui a le sentiment le plus exquis de l'antiquité médicale et qui la connaît à fond, n'a pas laissé ignorer que Celse avait déjà, il y a bientôt deux mille ans, proposé l'évidement des os ; mais les préceptes de Celse n'avaient pas été reçus dans la pratique. Le célèbre chirurgien français a tiré ces préceptes antiques de l'oubli, en a prouvé par des raisons nouvelles l'utilité et l'importance, expliqué les indications et les succès, et a rendu ainsi à la pratique éclairée et savante de l'art une des plus précieuses ressources contre les redoutables maladies et blessures des os.

Section II

La vie est une force expansive et pénétrante qui tend à s'emparer de tout ce qui entre dans le cercle de son activité. On vient de voir qu'elle remplit les vides provenant de l'ablation de certaines parties organiques ; on va voir maintenant qu'elle gagne, par une opération inverse, les parties qu'on ajoute aux êtres vivants, — car les greffes ne sont pas autre chose que des fragments vivants soudés à un organisme déjà complet. Dans la greffe végétale, la partie greffée ne fait point partie intégrante de l'individu sur lequel elle a été transportée. Elle ne vit point de la même vie. Elle se développa en quelque sorte d'une façon parasite aux dépens de celui-ci, — comme le gui sur le chêne, — et, que le fragment greffé soit ou ne soit pas de la même espèce que l'arbre auquel on le conjoint, il en reste toujours physiologiquement distinct. Il n'en est pas ainsi chez les animaux.

La greffe animale consiste d'une façon générale à porter sur un point d'un individu une partie prise sur un autre point du même individu ou sur un sujet différent, et à réaliser la connexion de la partie greffée avec l'organisme qui lui sert de support de manière qu'elle en devienne complètement solidaire, qu'elle vive de la même vie, qu'elle en suive les destinées physiologiques. On peut ainsi transplanter d'un animal à un autre soit des fragments de tissu, soit des organes tout entiers, soit de simples éléments anatomiques. Les cellules de la choroïde de l'œil, portées sous la peau d'un animal, conservent leur vitalité sur ce nouveau terrain, et y deviennent même le point de départ d'une formation plus ou moins abondante de cellules semblables. La transfusion du sang n'est autre chose que l'introduction de globules rouges empruntés à un organisme dans un organisme différent. Cette opération réussit, même alors que le sang passe d'un individu à un individu d'espèce très-éloignée. Ainsi on peut introduire du sang de mammifère dans les vaisseaux d'une grenouille, et retrouver au bout d'un certain temps chez cette dernière les globules encore vivants et facilement reconnaissables de l'animal supérieur. On greffe sans difficulté dans la crête d'un coq soit des ergots empruntés au même oiseau, soit des dents de mammifère ; mais ces faits n'ont jusqu'ici qu'un intérêt de curiosité et ne doivent pas nous arrêter.

On a vu que les os peuvent se régénérer facilement au moyen du périoste. Cette propriété a suggéré l'idée à plusieurs expérimentateurs de transplanter des fragments de périoste dans diverses régions, afin de voir s'ils y donneraient lieu à une formation osseuse. M. Ollier entre autres a fait voir que la membrane périostique, détachée entièrement de l'os et greffée dans un lieu éloigné, produit par sa face profonde un os nouveau. Il a obtenu une reproduction semblable en greffant, non tout le périoste, mais seulement les cellules qui constituent la couche rudimentaire adhérente à cette membrane et qui sont les véritables ouvrières de l'élaboration osseuse. M. Goujon a réalisé des productions osseuses en greffant de la moelle. L'introduction de quelques cellules médullaires sous la peau d'un chien par exemple y a déterminé au bout de quelques mois le développement d'un petit os. Les chirurgiens avaient espéré un instant tirer parti de ces faits pour la reproduction des parties osseuses. Quelques-uns prétendent même avoir refait des nez ; mais il est établi aujourd'hui que les os provenant de la greffe du périoste ou de la moelle ont une tendance invincible à se résorber, à disparaître, au bout d'un temps plus ou moins long, par suite des conditions défavorables où ils se trouvent, au point de vue de la nutrition. Sans connexions vasculaires ou nerveuses, ils sont comme des corps étrangers dans la région où ils se sont développés.

On peut rattacher à la greffe osseuse les expériences, encore en voie d'exécution, dont s'occupent MM. Magitot et Legros, concernant la greffe des dents. Les dents naissent d'un petit sac nommé *follicule dentaire*, dans lequel on distingue l'organe de l'ivoire ou bulbe, et l'organe destiné à la production de l'émail. En greffant sur un chien adulte un follicule entier pris à un chien nouveau-né, ces expérimentateurs ont constaté le développement régulier de ce germe et la production d'une dent complète. L'organe de l'émail, greffé seul, n'a point continué de vivre ; le germe de l'ivoire, au contraire, a donné lieu à une formation d'ivoire normal. Enfin, lorsque le follicule, greffé en totalité, a été soit intentionnellement, soit accidentellement lésé pendant l'expérience, on constate l'apparition d'une sorte de tumeur osseuse. Ces recherches pleines d'intérêt permettent d'espérer qu'on pourra un jour réaliser, dans des conditions nettement déterminées, la prothèse physiologique des dents enlevées. Il convient de remarquer en effet qu'ici on greffe un organe tout entier avec la structure et les dispositions vasculaires qui en peuvent assurer le développement, tandis qu'en transplantant un fragment de moelle ou de périoste, on l'isole, on l'enkysté. Les expériences les plus curieuses et les plus rigoureuses qu'on ait faites sur la greffe animale dans ces dernières années sont dues à M. Paul Bert. Ce savant physiologiste a montré que, si on coupe la queue à un jeune rat et qu'on l'introduise, après l'avoir écorchée, sous la peau de l'animal, dans une région quelconque du corps, elle y adhère et continue à s'y développer. L'organe grandit presque aussi vite que dans les conditions normales. M. Bert a pratiqué aussi des *marcottes* animales. Il écorche l'extrémité de la queue d'un rat, introduit cette extrémité dans un trou pratiqué sur la peau de l'animal, près de la tête par exemple, et réunit les bords des deux plaies par des points de suture. Les parties juxtaposées ne tardent pas à se souder, et la queue, qui a reçu ainsi la forme d'une anse, conserve sa vitalité. Si alors on vient à la couper en un point quelconque, on voit que le tronçon greffé près de la tête garde ses propriétés physiologiques. Les vaisseaux s'y rétablissent, les nerfs s'y régénèrent, la sensibilité y revient peu à peu. Le rat est ainsi pourvu d'une sorte de trompe aussi vivante que ses autres organes. Le retour de la sensibilité dans cette trompe. démontre non-seulement la connexion des filets nerveux d'un tel appendice avec ceux du dos, mais encore la possibilité de la propagation de l'ébranlement sensitif dans une direction opposée à celle qu'il suivait auparavant, c'est-à-dire la faculté de conduire les impressions aussi bien dans le sens centripète que dans le sens centrifuge.

La *greffe siamoise* a été réalisée par M. Bert dans des conditions extrêmement intéressantes. On découpe des lambeaux de peau le long des flancs opposés de deux animaux, et au moyen de ces bandelettes, appliquées face à face et réunies par des sutures, on *coud* ensemble les deux sujets. Au bout de peu de jours la réunion est faite, et l'on a un couple analogue à celui des frères siamois. M. Bert a gardé pendant plus de deux mois deux rats blancs ainsi accolés ; mais ils vivaient en si mauvaise intelligence qu'il fallut au bout de ce temps les séparer. En empoisonnant l'un des deux animaux d'un couple pareil, on empoisonne l'autre, ce qui prouve qu'il y a entre eux une parfaite communication sanguine. M. Bert a obtenu des greffes semblables entre rat blanc et rat surmulot, entre rat blanc et rat de barbarie. Il a essayé d'en pratiquer entre animaux d'espèces différentes, entre rat et cochon d'inde, entre rat et chat, mais la réussite n'a jamais été complète ; on n'a provoqué que des commencements d'adhérence. Toutefois l'insuccès paraît tenir moins à l'incompatibilité des tissus eux-mêmes qu'à la difficulté de maintenir dans le calme nécessaire des animaux aussi peu disposés à fraterniser ensemble. Enfin M. Balbiani a réussi à souder ensemble deux tronçons de queues empruntées à deux têtards différents, de façon à obtenir une adhérence physiologique d'une certaine durée.

Si ces recherches ont un intérêt plus philosophique que pratique, sur lequel on reviendra plus loin, il n'en est pas de même de celles qui ont eu pour résultat les greffes dites *épidermiques*. Celles-ci ont eu en effet le privilège d'attirer au plus haut point l'attention des physiologistes et surtout des chirurgiens. C'est à un chirurgien suisse, M. Reverdin, ancien interne des hôpitaux de Paris, qu'on en doit la découverte et les premières applications. Toutes les fois qu'à la suite d'une opération chirurgicale, d'une brûlure ou d'une blessure, la peau a été détruite dans une certaine étendue, le vide produit ne se remplit que lentement au moyen d'une formation de tissu cicatriciel. Malgré l'emploi des méthodes de pansement les plus rationnelles, la surface dénudée ne se répare jamais qu'avec difficulté. C'est pour remédier à ce grave inconvénient que M. Reverdin eut l'idée d'appliquer sur les plaies un lambeau de tégument sain emprunté au blessé lui-même ou à un autre individu, Les premiers essais furent entrepris en 1869 dans les hôpitaux de Paris et couronnés d'un plein succès. Aussitôt les expériences se multiplièrent MM. Gosselin, Guyon, Ollier, Duplay, Hergott, et d'autres, obtinrent en France, en suivant les indications de l'inventeur, des résultats très satisfaisants. Les praticiens anglais, russes, allemands, ne tardèrent pas à apporter leur contingent d'observations concordantes, et il est permis de dire qu'aujourd'hui la greffe épidermique est entrée définitivement dans la pratique chirurgicale. Cela n'empêche pas de reconnaître qu'elle présente des difficultés de plus d'une sorte. Cette soudure de lambeaux étrangers à la surface dénudée d'une plaie demande, de la part du chirurgien qui veut la réaliser, des soins d'une extrême délicatesse. D'abord, si l'on voulait recouvrir toute la plaie d'une seule greffe, on ne réussirait pas ; il faut en appliquer plusieurs de très petite dimension, suivre jour par jour les progrès de la cicatrisation, remplacer les lambeaux qui n'adhèrent point, etc. Généralement la greffe est accomplie au bout de vingt-quatre heures. A ce moment, la partie transplantée fait corps avec la plaie par l'intermédiaire de cellules nées dans l'intervalle qui les sépare. Il en résulte que la cicatrisation s'opère très rapidement. La cicatrice est plus souple, plus résistante, et ne manifeste point, comme les cicatrices ordinaires, de tendance à la rétraction.[1]

Le nom de greffe épidermique donné à ce procédé n'est pas d'une parfaite exactitude. A vrai dire, les lambeaux dont on se sert en pareil cas ne sont pas constitués seulement par de l'épiderme : on détache, pour les obtenir, l'épiderme muni de la mince couche cellulaire (couche de Malpighi) : sur laquelle il repose directement, et cette condition est nécessaire, parce que les cellules de Malpighi paraissent être le siège de l'élaboration plastique qui détermine l'adhérence de la greffe. Depuis les expériences de M. Reverdin, plusieurs chirurgiens ont essayé de transplanter au lieu de l'épiderme le derme tout entier. M. Ollier a tenté de greffer de larges lambeaux cutanés, comprenant toute l'épaisseur de la peau. Les chances de succès paraissent ici beaucoup moindres, et rien n'autorise encore à considérer la greffe cutanée, proprement dite comme une opération heureuse.

Section III

Ces greffes, où l'on voit une partie organisée, séparée, pendant un certain temps de l'individu auquel elle appartient, conserver les ressorts de la vie et recouvre ses fonctions lorsqu'on la transplante sur un autre individu, même d'espèce différente, — ces régénérations, où l'on voit des organes détruits repousser avec leurs formes normales et leurs propriétés, des fragments vivants reproduire un être tout entier, sont des faits de nature à procurer, si on les interroge convenablement des données précieuses sur l'essence même de la vitalité. Ils prouvent qu'elle dépend non point d'un esprit indivisible animant le corps (*mens agitans molem*), mais d'une activité répartie dans les particules ténues qui le constituent, consubstantielle à ces particules et aussi variable dans ses caractères que celles-ci le sont elles-mêmes dans leur structure.

---

[1] On a greffé sur l'homme non-seulement de l'épiderme humain, mais aussi de l'épiderme emprunté à dus animaux. M. Dubrueil a fait dernièrement à ce sujet de curieuses expériences. Il a greffé sur l'homme de la peau de cochon dinde.

En d'autres termes, la vie totale de l'individu n'est que la somme, la résultante des vies propres à chaque élément anatomique, l'unité harmonique du fonctionnement simultané de myriades de monades, — de monades leibniziennes ; — douées de la vie à des degrés divers, depuis la cellule osseuse, presque inerte et minérale, jusqu'à la cellule nerveuse, où brûle incessamment un feu subtil et ardent.

Chacun de ces corpuscules vivants est un tout complet, possédant au fond les mêmes énergies, les mêmes tendances, les mêmes aspirations que les systèmes plus ou moins compliqués auxquels il donne naissance par mille associations et enchevêtrements divers. « Les machines de la nature, dit Leibniz, sont machines partout, quelque petite partie qu'on y prenne, ou plutôt la moindre partie est un monde infini à son tour, et qui exprime même à sa façon tout ce qu'il y a dans le reste de l'univers. Cela passe notre imagination, cependant on sait que cela doit être, et toute cette variété infiniment infinie est assurée dans toutes ses parties par une sagesse architectonique plus qu'infinie.[1] »

Mais quelle est en soi l'énergie vitale propre à ces petites machines, l'énergie que nous voyons persister dans les parties disjointes de l'organisme et réparer les vides opérés dans les tissus ; quel est le caractère fondamental, indice de la vie ? C'est la nutrition, c'est-à-dire ce fait aussi évident qu'inexpliqué de la rénovation moléculaire continue de la substance organisée. C'est dans la connaissance des phénomènes de nutrition ou *trophiques* qu'est tout l'avenir de la biologie. On n'aura le secret des actes vitaux les plus profonds et les plus essentiels que le jour où l'on connaîtra les équations de l'équilibre et du mouvement des systèmes fugitifs et en état d'incessante métamorphose qui constituent ces éléments anatomiques.

Quelque avenir que comporte la connaissance des phénomènes trophiques, la notion que la philosophie de la nature nous procure de la vie ouvre dès aujourd'hui une voie nouvelle aux investigations. Elle suggère l'idée de rechercher les variations de déterminisme physiologique, c'est-à-dire d'étudier les limites entre lesquelles se meut la vie, ou, en d'autres termes, de quelles modifications

---

1 Lettre à Bossuet. *Œuvres inédites*, publiées par M. Foucher de Carell, t. Ier, p. 276.

profondes sont susceptibles les organismes soit au point de vue du type spécifique, soit à celui des mécanismes intérieurs. Le dessein d'une pareille entreprise est le plus hardi de tous ceux que l'imagination et la science humaine conçoivent dans le domaine de l'activité scientifique. Cependant M. Claude Bernard, qui n'est pas suspect d'infidélité à la méthode expérimentale, n'hésite point à le considérer comme légitime. Il est convaincu qu'en agissant sur les phénomènes évolutifs, on pourra changer la configuration et transformer la disposition des organes. « L'observation nous apprend, dit-il, que par les actions cosmiques, et particulièrement par les modificateurs de la nutrition, on agit sur les organismes de diverses façons, et l'on crée des variétés individuelles qui possèdent des propriétés spéciales et constituent en quelque sorte des êtres nouveaux… Rien ne s'oppose à ce que les modificateurs, agissant sur l'organisme vivant dans certaines conditions, puissent provoquer des changements capables de constituer des espèces nouvelles, car nous devons concevoir les espèces comme résultant elles-mêmes d'une persistance indéfinie dans leurs conditions d'existence et de nutrition, par suite d'une direction organique antérieure qui leur a été communiquée par leurs ancêtres. En modifiant les milieux intérieurs nutritifs et évolutifs, et en prenant la matière organisée en quelque sorte à l'état naissant, on peut espérer d'en changer la direction évolutive et par conséquent l'expression organique finale.[1] »

Ces remarques du célèbre physiologiste, auxquelles on n'a peut-être pas prêté une attention suffisante, sont dignes cependant d'exciter au plus haut point celle des savants que préoccupe le problème de la transformation des espèces. Assurément le darwinisme n'est toujours qu'une hypothèse. Les partisans de cette doctrine affirment que les espèces vivantes se sont autrefois transformées, mais ils n'ont jusqu'ici produit aucun exemple de pareille transformation opérée dans le passé, et il est permis de douter qu'ils puissent jamais en donner des preuves rétrospectives. C'est que les espèces n'ont été soumises jadis qu'à l'action des influences spontanées de la nature et des artifices de la zootechnie ; mais ce qui n'a pu être réalisé hier par les forces de ce genre pourrait fort bien l'être demain par celles dont le physiologiste dispose aujourd'hui. En agissant sur

---

1 *Rapport sur les progrès de la physiologie*, p. 3 et 113.

les œufs, comme l'indique M. Claude Bernard, c'est-à-dire sur les germes vivants, on a une prise plus efficace et plus profonde sur les desseins ultérieurs de la vie. L'embryon, cette ébauche indécise et délicate de l'être futur, ce microcosme où les sourdes énergies de la vitalité s'emparent lentement d'une pulpe molle et sensible aux plus petites perturbations, n'est pas contraint de se développer suivant une loi impérieuse ; M. Robin l'a prouvé.[1] Il y aurait donc lieu de déterminer sur l'embryon d'un animal des modifications compatibles avec la vie, de les maintenir sur l'animal une fois formé, de les répéter et de les multiplier graduellement sur les produits des générations suivantes de façon à les fixer définitivement par le moyen de l'hérédité. Quelques expériences faites dans ce sens, entre autres celles de MM. Dareste, Brown-Séquard, Trécul, sont du meilleur augure ; mais la question, on le conçoit, demande le concours laborieux de beaucoup de vies humaines. C'est ainsi que le savant pourra déranger le mécanisme des choses et intervertir le sens des transmutations naturelles. Il imposera sa volonté aux forces du monde. Quand il est brisé par elles, cela se fait à leur insu ; quand il les asservit, c'est en pleine connaissance de cause.

Ces corpuscules eux-mêmes, ces monades ultimes où réside la vie, ne pourrait-on pas les considérer à leur tour comme susceptibles d'éprouver des modifications intérieures et de manifester des propriétés nouvelles ? Il est bien intéressant de remarquer que le même élément anatomique présente la même composition dans toutes les espèces vivantes, aux degrés les plus humbles comme aux sommets de l'échelle zoologique, — c'est-à-dire que les molécules vivantes, quelle que soit la variété des systèmes divers qu'elles forment en s'associant, sont au fond toujours les mêmes. A quoi tiennent cette unité et cette fixité de composition des éléments dont sont ourdies les trames organiques ? A ce fait, qu'ils vivent tous dans le même milieu et absorbent tous en définitive des matériaux nutritifs identiques. — On pourrait croire que l'organisation exerce une action élective dans la masse des corps qui l'entourent, qu'elle a une affinité spéciale pour tels principes et de la répugnance à en assimiler d'autres. A coup sûr, certaines substances, en très petit nombre, sont essentiellement incompatibles avec la vie, du moins telle que nous la concevons ; mais cela ne démontre pas que les

---

[1] Voyez son remarquable ouvrage *de l'Appropriation des parties organiques*, 1866.

organismes aient reçu la faculté d'exercer un choix déterminé dans l'ensemble des ingrédients chimiques de l'air, de la terre et de l'eau. Les premiers germes et les animaux qui en sont sortis ont pris naturellement et spontanément autour d'eux ce qu'ils ont trouvé et s'y sont habitués peu à peu. Le limon dont une main-mystérieuse les a façonnés est une combinaison complexe de tout ce qui existe dans le milieu où ils plongent. Le hasard de la constitution originelle est devenu la loi de la constitution ultérieure. Les principes immédiats ainsi assimilés plus ou moins facilement pendant les périodes rudimentaires se sont ensuite adaptés, sous l'empire de l'hérédité, aux conditions les-plus favorables à la vie, l'harmonie s'est graduellement faite entre la matière et la forme, et la nature des fonctions a suivi celle des organes. Du moins rien n'autorise une assertion contraire, et tout porte à penser que, si les matériaux de la couche terrestre avaient été autrement proportionnés ou répartis, la composition des organes vivants ne serait pas celle que nous connaissons. On voit par là qu'il n'y a rien que de très rationnel à se demander si on ne pourrait pas entreprendre de modifier directement la composition actuelle des éléments anatomiques.

Cette seconde conception, qui recule bien plus encore que la précédente les limites du déterminisme physiologique, est susceptible aussi de vérifications expérimentales. De même qu'on agit sur les phénomènes évolutifs, on peut, par des procédés d'une méthodique et persévérante hardiesse, déranger l'ordre des opérations nutritives. La méthode que nous avons suivie dans nos propres recherches sur ce sujet consiste à supprimer certains principes essentiels de l'alimentation et à les y remplacer par des principes immédiats nouveaux plus ou moins analogues. Mais les principes immédiats nutritifs se trouvent dans les aliments dans les conditions les plus favorables à l'assimilation. Les sels minéraux y sont intimement mélangés aux matières azotées. Pour substituer à ces sels minéraux de l'alimentation ordinaire, au phosphate de chaux par exemple, des phosphates d'une autre espèce, il est donc nécessaire non-seulement de débarrasser autant que possible les aliments des sels que l'on veut éliminer, mais encore d'y associer de la façon la plus intime les sels nouveaux que l'on veut fixer dans l'économie, c'est-à-dire de les y introduire sous la forme la plus propre à l'assimilation et la plus capable de vaincre les résistances naturelles de l'organisme. Il est évident aussi qu'il convient d'expérimenter sur de jeunes animaux chez qui le mouvement assimilatoire est à son maximum. Dans de telles conditions et par de tels procédés, on arrive à modifier l'ordre et l'espèce des principes immédiats de la substance organisée. Des expériences personnelles nous permettent du moins de l'affirmer pour ce qui concerne le tissu osseux, et jusqu'ici rien ne nous oblige à douter qu'on puisse réaliser à la longue, par des transformations graduelles, consécutives à certains artifices nutritifs, des organismes d'un équilibre homologue et nouveau, au point de vue du système des principes immédiats. En tout cas, des recherches de ce genre ont un intérêt considérable. Elles permettent de déterminer les relations entre les poids moléculaires des principes immédiats et leurs coefficients nutritifs. D'autre part, en introduisant à un moment donné un certain principe assimilable dans l'organisme et en marquant le temps qui s'écoule depuis le moment où il entre jusqu'au moment où il sort, on a un procédé pour mesurer la vitesse du mouvement nutritif.

Nous n'insistons pas davantage sur ces expériences. Il nous suffit d'en avoir tracé la direction générale, en accord avec ce qui se passe dans le reste de la physiologie. Sans doute de pareils travaux sont difficiles et longs : outre le savoir et la patience, il faut pour les aborder de l'imagination et de la foi ; mais les labeurs du présent ne peuvent être fructueux qu'à la condition d'une vision claire de la vérité idéale, précieuse étoile où le savant digne de ce nom aimera toujours à lire les destinées de l'esprit.

ISBN : 978-1977996749

Fernand Papillon

www.ingramcontent.com/pod-product-compliance
Lightning Source LLC
Chambersburg PA
CBHW071222240526
45470CB00018B/2286